Dʳ Georges CORNU

~~de~~ la Faculté de Médecine

de Paris

A l'Hôpital il y a deux siècles

L'HOTEL-DIEU

Les Compagnons chirurgiens et externes

PARIS

Paul DELMAR

29, rue des Boulangers

—

1897

Dr Georges CORNU
De la Faculté de Médecine
de Paris

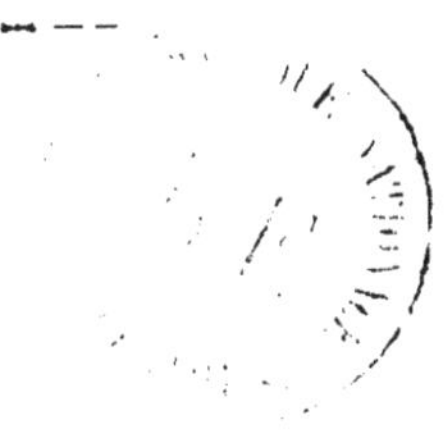

A l'Hôpital il y a deux siècles

L'HOTEL-DIEU

Les Compagnons chirurgiens et externes

PARIS

Paul DELMAR

29, rue des Boulangers

1897

A MES PARENTS

A MES AMIS

L'HOTEL-DIEU

Les Compagnons chirurgiens et externes

INTRODUCTION

Vieille comme le monde, comme la douleur humaine et la miséricorde, la Médecine, qui fut un art avant d'être une science puisque son premier remède s'appela la compassion, et qui resta l'art le plus délicat quand elle fut devenue la science la plus difficile, a toujours trouvé, en même temps que des adeptes passionnés, des historiens fervents. Des Maîtres qui sont morts, les doctrines ont pu se perdre, les exemples restent. Toute la vie d'Euclide tient pour nous dans un théorème, dans une proposition de mathématique vérité. Il est entré, non dans l'immortalité qui est un prolongement de la personne, mais dans la pérennité d'une abstraction : son histoire n'a pas d'intérêt.

A côté de l'œuvre lointaine, naïve, erronée, mais vivante

d'Hippocrate subsiste son esprit qu'il n'est pas indifférent de connaître. Ainsi, c'est parce que la Médecine est autre chose qu'une science pure, physique ou mathématique, c'est parce qu'elle met en œuvre, à quelque moment de perfection qu'elle soit arrivée, toutes les ressources d'une intelligence et toute la bonne volonté d'une âme, que son Histoire est légitime.

A un autre point de vue, cette histoire est nécessaire.

La Médecine est, en effet, une science d'un caractère particulier. Tandis que toutes les autres s'attachent à découvrir les principes et les lois de phénomènes invariables, elle est l'étude d'une évolution, d'une évolution dont nous sommes, qui elle-même l'emporte, et sur laquelle elle prétend néanmoins, dans son but le plus général, à une action consciente. Et pour cette raison, la manière dont les grands médecins de jadis ont compris et exercé, physiologiquement, la lutte pour la vie, peut être d'un haut enseignement. La façon dont ils l'ont comprise, leurs idées sur la maladie, ont composé les œuvres des maîtres. D'autre part, leur pensée et leur parole ont déterminé, de leur temps et à l'entour d'eux, les actions multiples de disciples nombreux, de praticiens inconnus, d'élèves attentifs qui, dans l'ombre où ils ont vécu, où ils sont restés, ont simplement travaillé. Ainsi, à côté de l'étude des hommes de génie, il y a celle des milieux où grandit leur influence, où s'exerça eur recherche. Celle-là demande plus d'autorité, plus de compréhensive intelligence, un esprit voisin du sujet qu'il explique. Nous nous sommes attaché à la seconde qui de-

mande surtout une bonne volonté patiente, et autant que
nos recherches nous l'ont permis, nous avons voulu dire ce
que fut l'Hôtel-Dieu à l'époque où s'y organise le service
médical, et où se prépare ce fait nouveau, capital, dans
l'histoire de la médecine : l'étude à l'hôpital.

Mais, dans le cours de ce travail, nous avouons que notre
pensée s'est portée avec plus de complaisance vers les ouvriers
obscurs, vers ces compagnons chirurgiens qui, humbles
parmi la foule, soignèrent les pauvres avec « affection et
douceur ». Et c'est surtout dans un sentiment de piété envers
ceux-là, nos prédécesseurs, qu'au moment où nous allons
cesser, non d'étudier, — on a plus tôt fini de vivre que d'apprendre, — mais d'être un étudiant, nous avons écrit cette
thèse.

LES HOPITAUX DE PARIS

au XVIIᵉ siècle

Il y avait, à Paris, au commencement du dix-septième siècle, une vingtaine d'hôpitaux, mais ce mot d'hôpital ne répondait pas alors à la signification étroite et précise qu'on lui donne aujourd'hui. Un hôpital est maintenant un lieu d'asile où l'on soigne et nourrit des malades. Les hôpitaux du dix-septième siècle comportaient des asiles pour les malades sans doute, mais aussi pour les pauvres qu'affligeait seule leur pauvreté, pour les voyageurs sans ressources, pour les orphelins, pour les enfants abandonnés ou ceux que leurs familles étaient impuissantes à élever.

C'est ainsi que s'élevait « dans la grande rue Sainct-Denys, près la porte aux Paintres, l'hôpital de Sainct-Jacques-aux-Pélerins, basti par Charlemagne, où l'on donnait l'hospitalité aux pauvres pélerins revenant de Compostelle en Galice

et se dirigeant vers les Flandres, avec, à leur départ « une
« aumosne d'un sol. » (1.)

Dans la même rue Saint Denis se trouvaient encore l'hôpital Sainte Catherine « où sont religieuses de l'ordre de
saint Augustin qui reçoivent toutes pauvres femmes et filles
par chacune nuit et les hébergent par trois jours » ; l'hôpital
de Sainte Magdeleine, fondé par Hymbert de Lyons « pour
recueillir et loger une nuit pauvres femmes mendiantes pas-
santes, et en partant le matin leur donner un petit pain et
un denier parisis pour viatique : maintenant, dit Claude Malingre en 1640, on leur baille honnestement à souper ».

L'hôpital Saint-Gervais, à la porte Baudoyer, donne de
même « aumosne et passade » aux hommes et garçons ;
l'hôpital du Saint-Sépulchre rue Saint-Denis ; l'hôpital Saint-
Jacques du Haut-Pas sis au faubourg Sainte-Catherine ; l'hôpital Saint-Julien-aux-Ménétriers reçoivent les pauvres et
infirmes. L'hôpital Saint-Marcel ou de la Charité chrétienne
était affecté aux soldats estropiés. Celui des Quinze-Vingts
était, par son expresse destination, un lieu de retraite pour
trois cents aveugles.

A l'hôpital des Haudryettes étaient nourries et habillées,
« assez sauvagement », de pauvres femmes veuves, dont le
nombre ne dépassait guère une quarantaine. Un établissement analogue, l'hôpital de la Miséricorde, fut fondé en
1624 par messire Antoine Séguier, entre les faubourgs Saint-
Marcel et Saint-Victor, « pour cent pauvres orphelines de père

1. Claude Malingre : Les **Antiquités** de la Ville de Paris.

et de mère, natives de Paris en loyal mariage, destituées de tous moyens, y être nourries et instruites en tout ouvrage convenable à leur sexe, de l'âge de six ou sept ans à l'âge de vingt-cinq, où elles puissent conserver et défendre leur virginité ». (1)

Au faubourg Saint-Victor étaient les trois hôpitaux des Enfermés qui ne différaient pas sensiblement d'une prison ; on y recevait ou plutôt on y enfermait les mendiants qui encombraient alors Paris, on leur imposait là toutes sortes de travaux, et bien qu'au service de ce véritable dépôt de mendicité fussent attachés un bachelier en médecine, un chirurgien-barbier et un apothicaire, les malades en étaient transférés à l'Hôtel-Dieu. Cet établissement servit de préface au fameux Hôpital-Général, institué en 1656 par un édit de Mazarin et qui engloba les hôpitaux de la Grande et de la Petite Pitié, de Scipion, de la Savonnerie près Chaillot et de Bicêtre, siégea à Notre-Dame-de-Pitié, puis à la Salpétrière, et recueillit 5.000 mendiants en 1657 ; en 1662, 10.000.

Les enfants, non les enfants malades, mais les orphelins et les pauvres, avaient trois hôpitaux où, depuis une ordonnance de François Ier en 1515 sur la police des pauvres, ils étaient ainsi répartis :

A l'hôpital de la Sainte-Trinité, situé rue Saint-Denis, (c'est le cinquième hôpital que nous trouvons dans cette rue), étaient reçus les enfants de père et mère vivants, mais incapables matériellement et moralement de les élever, et qui

1. Claude Malingre, ouv. cit.

fussent devenus « cagnardiers et couppeurs de bourses. »

A l'hôpital du Saint-Esprit, en la place de Grève, on élevait et nourrissait, dès la mamelle, les enfants nés en légitime mariage dans la ville et les faubourgs de Paris, orphelins de père et de mère; on les mettait en nourrice aux dépens de l'hôpital, et l'âge venu, on leur enseignait un métier.

Enfin, venait le célèbre hôpital des Enfants-de-Dieu ou des Enfants-Rouges (1), sis en la rue Porte-Foin, près le Temple, consacré aux orphelins de père et de mère, dont les parents étaient morts pour la plupart à l'Hôtel-Dieu, et qui ne devaient être natifs de Paris ni des faubourgs, mais du pays circonvoisin qu'on appelait « Parisis ».

Tous ces établissements seraient considérés aujourd'hui comme des hospices. Il n'y avait en réalité d'hôpitaux de malades que :

1° L'hôpital Saint-Germain-des-Prés, dit les Petites-Maisons, autrefois maladrerie, transformé en hôpital par le cardinal de Tournon l'année 1557. On y recevait, disent les statuts, « les hommes vieilz et descrépitz et autres pauvres incorrigibles ou invalides, estropiatz ou impotens, — plus les enfants malades de la taigne qui l'ont gaignée à coucher és bateaux, sous les estaux ou par les rues. — les femmes malades du mal caduc, — les aliénez de biens et d'esprit (2). »

---

1. Les enfants de cet hôpital étaient vêtus de drap rouge, d'où leur nom populaire. Ceux de l'hôpital de la Sainte-Trinité étaient vêtus et chaperonnés de bleu.

2. Du Breuil. Théâtre des antiquités de Paris, 1639.

2° Les Commanderies de Saint-Antoine et de Saint-Lazare qui étaient des maladreries ;

3° L'hôpital Saint-Louis. fondé par Henry IV le 13 juillet 1607, bâti aux frais de l'Hôtel-Dieu et sous la direction de ses gouverneurs à la tête desquels se place Achille de Harlay, président au Parlement ; destiné d'abord aux pestiférés, il reçut ensuite indistinctement les malades que l'Hôtel-Dieu ne put admettre faute de place.

4° La maison de santé de Saint-Marcel. qui dépendait aussi de l'Hôtel-Dieu, et où l'on soignait les maladies contagieuses ;

5° L'Hôpital de la Charité des femmes. pour les pauvres femmes et filles malades. qui fut transféré successivement de la rue du Colombier au couvent des Minimes près de la place royale. puis en 1624 à la Roquette, au côté gauche de la porte Saint-Antoine. et qu'avait pris sous sa haute protection la reine Anne d'Autriche.

6° Notre-Dame pour les Incurables. administré par le Bureau de l'Hôtel-Dieu, fondé au mois d'avril 1637 à l'extrémité du Faubourg Saint-Germain-des-Prés et comprenant seize grandes salles garnies de lits ;

7° L'Hôtel-Dieu. dont le service médical fera plus particulièrement l'objet de cette étude et qui est alors unique au monde. pour son ancienneté. sa réputation. ses revenus, et pour le nombre de ses malades.

A ces noms s'ajouteront bientôt ceux de la Charité, dont

les terrains furent achetés en 1638 (1), et de Notre-Dame de
Pitié qui fut un hôpital pour les femmes malades avant de
devenir, en 1662, le chef-lieu de l'Hôpital Général.

Des maisons d'assistance qui existent au début du XVIIe
siècle, les trois-quarts sont dues à l'initiative individuelle.
Toutes sont pour la plus large part entretenues par la charité
privée, qui, pendant les siècles affligés du Moyen-Age fut
admirable, exempte de vanité, d'éclat, inspirée par les mystères de la Mort en faveur des réalités de la souffrance, géné-
reusement inquiète, et percevant déjà la solidarité humaine
sous la forme extériorisée d'une équité divine, supérieure et
nécessaire. Et les administrateurs de ces hôpitaux consa-
crent aux pauvres, sans restriction, leur intelligence, leur
probité, leur vie, et quand la misère se fait plus rude,
quand la foule qui gémit devient légion qui hurle, quand
les secours ont absorbé les ressources ordinaires, « ces nota-
tables et honnestes bourgeois » engagent leur fortune personnelle (2) avec une émouvante spontanéité, faisant du désin-

1. L'hôpital de la Charité des hommes, dont l'histoire a été faite
par M. le professeur Laboulbène (Gazette médicale de Paris, 1878-79),
existait en fait depuis un certain temps, son origine date de 1602,
mais les Frères Saint-Jean de Dieu qui le dirigeaient, n'eurent pas
d'abord un domicile définitif. Ils habitaient, au début, devant le port
Malaquest, (à peu près à l'extrémité de la rue Bonaparte, vers la
Seine), puis ils s'établirent rue Saint-Père. Les frères y exerçaient
eux-mêmes la chirurgie et la médecine.

2. C'est ce qui arriva, pour l'Hôtel-Dieu, à diverses reprises,
notamment en 1653 et en 1662 où ses administrateurs écrivaient :
« Les soussignés se voyent tous les jours à la veille d'estre forcez de
quitter l'Administration et de rapporter aux pieds de la Cour les
clefs de l'hospital ; ce qu'ils ne feront jamais que dans les dernières
extrémitez, et demeureroient mesme plutôt dans ses ruynes, puis-
qu'on en a chargé leur honneur et conscience. »

téressement un acteprofessionnel, et en laissant, pour révé-
ler leur sacrifice simplement accompli, qu'une ligne de plus
sur un registre de comptes.

L'Hospitalisation

Le Traité de la Police des pauvres (1), institué par François Ier en l'année 1544, règle ainsi l'hospitalisation :

« Les lundi et jeudi, les trente-deux commissaires de la
police et aumosne générale des pauvres, ou aucuns d'eux en
bon nombre, se réuniront à une ou deux heures après-midi
en leur Bureau près l'Hôtel de la Ville pour entendre à ouyr
et respondre les requestes de tous les pauvres qui y viennent de toutes parts. » Après requête des pauvres, visite et
rapport du médecin, chirurgien, ou barbier, enquête des
commissaires de quartier, les malades, selon leurs maladies,
qualités et importance, sont envoyés aux hôpitaux de Paris
comme il suit :

« A l'Hostel Dieu de Paris sont reçus, nourris et pansez
tous pauvres malades, de quelque pays et relligion qu'ils
soient et quelque maladie qu'ils ayent, fût-ce de peste,
mais non pas de grosse vérolle, pour les inconvéniens qui
en soulaient advenir ; auquel Hostel Dieu, quand le pauvre
y entre, son nom, estat, et pays sont enregistrez, ses habits
et argent inventoriez ; et au sortir, quand il est guary, tout

1. Cl. Malingre, ouvr. cit.

luy est rendu ; s'il y décède, il est ensevely d'un drap et enterré aux despens dudict Hostel Dieu.

« Les malades de lèpre, sont logez, receus, et nourris ès maladeries de Sainct Lazare, abusivement dict Sainct Ladre du Roulle, et autres.

« Les malades de gangrène ou estiomène, autrement appelée de Monsieur Sainct Anthoine, sont receus, nourris et pensez à l'Hospital et Commanderie de Sainct Anthoine de Paris, et ceux qui ne sont point de Paris, après qu'ils ont eu les jambes ou les bras guaris ou pensez ou couppez et consolidez, on les envoye avec argent ès autres commanderies de leur pays. »

Pour les malades atteints d'affections vénériennes, qui toutes sont alors comprises sous la dénomination de vérole, ils étaient divisés en deux classes : 1° ceux qui avaient gagné leur maladie par hasard ou inadvertance : on les faisait soigner au dehors par des barbiers-chirurgiens chargés de les panser et payés aux dépens de l'Aumône générale et de certaine pension donnée par l'Hôtel-Dieu suivant arrêts de la Cour : 2° ceux qui s'étaient exposés volontairement à prendre le mal pour être entretenus aux frais de l'hôpital : on les mettait à l'aumône, mais on ne les soignait pas.

« Quant aux petits enfants nouveaux-nez, désadvouez et abandonnez, trouvez parmi les rues, ils étaient receus à la couche près l'Eglise de Notre Dame de Paris, et avoit monsieur l'evesque pris la charge de les faire nourrir ».

Mais le service du grand Bureau des pauvres n'aurait pas suffi aux nécessités de l'hospitalisation, et les malades pou-

vaient se présenter directement à l'Hôtel-Dieu pour s'y faire
recevoir. Ils se rendaient alors à la porte du Parvis. Là
avait été établie, dit un mémoire daté de 1620, « une ancienne relligieuse assistée de deux garçons pour voir et
prendre garde à ladite porte, et faire visiter les malades qui
entrent par le Chirurgien (1) commis à cet effect, sonner
deux coups de cloche pour le faire venir, si d'aventure il
n'est pas là, et le malade ayant été visité et trouvé de la qualité requise pour entrer audict Hostel Dieu, le prendre et le
mener ou porter au confessionnaire et le livrer aux mains
des chappelains. L'un des chappelains escrit alors le nom et
la demeure du malade sur un registre, puis fait un petit rou-
leau de papier dedans lequel est le nom et surnom dudict
malade et le lui attache au bras avec un morceau de ficelle;
après, le renvoie pour se mettre devant l'autre chappelain
qui l'entend à confession s'il est catholique; et s'il n'est catholique, il sonne une clochette pour appeller la fille ou relligieuse qui est de sepmaine et qui conduict le malade au
lict et endroict destinez selon la qualité de sa maladie (2) ».

L'Hôtel-Dieu au XVIIe siècle

L'Hôtel-Dieu, dont les premiers lits furent institués vers

1. C'est seulement le 16 mars 1593 qu'un arrêt du Parlement décida
que les malades seraient visités par un Chirurgien avant d'entrer à
l'Hôtel-Dieu.
2. Briéle. Collection de documents pour servir à l'histoire des
hôpitaux de Paris (Paris, 1881), XVII.

G. C.

2

l'an 660 sous le règne de Clovis II. fils de Dagobert. par l'évêque de Paris. Saint Landry. sans que la pensée de ce prélat en eût préparé ni probablement conçu les développements considérables. s'étendait uniquement. au début du XVII° siècle. dans l'île de la Cité. sur la rive droite du bras gauche de la Seine. Il comprenait les salles Saint-Jehan et Saint-Augustin. parallèles au fleuve et dans le prolongement l'une de l'autre. Saint-Jean en amont : ces deux salles avaient été construites par Louis IX et Louis XI. Flanquant au nord la salle Saint-Augustin. du côté opposé de la Seine. s'élevait la grande salle du Légat bâtie en 1533 par le cardinal Duprat. Puis les bâtiments de l'Hôtel-Dieu s'accroissent avec la misère effroyable de ces temps. Le seizième siècle s'achève dans une désolation immense : ce sont les luttes de religion dévastant la France. C'est Paris assiégé par son roi. puis les Espagnols en Bourgogne. les Espagnols à Amiens : Mayenne avec les Ligueurs. et la guerre partout. et après la guerre. la nuée de soldats sans batailles. de paysans sans charrue qu'attire à Paris son grand renom de charité : et ce sont. de 1602 à 1617. les salles Saint-Thomas. Saint-Côme et Saint-Denis qu'on rebâtit plus solides. et plus vastes : Saint-Thomas à l'extrémité de la salle Saint-Jean. perpendiculaire à la Seine; Saint-Côme et Saint-Denis à l'est. reprenant la direction du fleuve.

Puis. c'est l'hôpital des Enfermés du faubourg Saint-Victor où l'on entasse les mendiants et malandrins qui le soir et en plein jour viennent tirer les manteaux et faire revivre au Pont-Neuf l'ancienne cour des Miracles : et parce

que ces mendiants sont parfois aussi des malades s'élèvent, à
l'extrémité de la salle Saint-Côme et barrant la Seine, le
Pont-aux-Doubles et la salle du Rosaire qui en 1634 occupe
le pont.

Un peu plus tard encore, c'est la guerre étrangère, puis
la Fronde, la guerre civile jusque dans Paris; où campent
les armées subsiste le désert, et dans le faubourg Saint-
Marcel, rapporte un mémoire du temps (1). « les pauvres
réfugiés de la campagne sont réduits à ne vivre que d'herbes
crues, comme sur les frontières de Picardie; des ouvriers
qui donnaient l'aumosne l'année dernière, restent des jours
entiers avec plusieurs enfants sans manger un morceau de
pain; il y a douze mille affamés non secourus dans les faubourgs, et dans la banlieue on abandonne les malades et les
morts en plein champ ». Alors, l'Hôtel-Dieu jette un nouveau
pont sur la Seine, le pont de l'Hôtel-Dieu qui est de 1651,
passe le fleuve, bâtit la salle Saint-Charles sur la rive gauche
entre les deux ponts, et derrière la salle Saint-Charles la
salle Saint-Jacques. Et l'hôpital qui atteint à ce moment la
rue de la Bûcherie, va toujours croissant, répondant à la
misère plus grande par la charité plus large, mais dépassé
pourtant par l'infortune humaine et laissant voir encore, sur
une de ses portes, cette inscription mélancolique : « Ici est
la maison de Dieu et la porte du Ciel ».

En 1583, les registres du bureau de l'Hôtel-Dieu accusaient
900 malades dont 284 « griefs ». En janvier 1634, on en

1. Recueil de ce qui s'est fait pour l'assistance des pauvres de 1650
à 1654.

compte plus de 1600. Le 10 décembre 1636, il entre 110 malades dans la journée et l'hôpital en renferme 1,822. Enfin, au mois de décembre 1651, leur nombre atteint 2,200. Ils étaient ainsi répartis au commencement du dix-septième siècle : les femmes dans la salle du Légat et la salle Neuve (salle Saint-Augustin), les hommes dans la salle de l'Infirmerie (salle Saint-Jean) et la salle Saint-Thomas. Dans l'office Saint-Denis étaient les « navrés ». La salle des accouchées était au-dessous de l'infirmerie.

« A chacune de ces salles, dit le règlement de 1620, il y a une relligieuse qu'on appelle cheftaine, qui a soing de tous les meubles servans aux pauvres et de donner et distribuer les nécessitez des malades, et y demeure assiduellement tout le long du jour, jusques à ce que les veilleresses descendent pour servir les malades la nuit. Elle commande et a soubz soy aultant de filles que luy est nécessaire, tant pour conduire lesdictz malades aux aisemens que pour aider à les coucher, les recouvrir, leur donner alimens et remèdes ; et sy advient qu'ils ayent nécessité des sacremens, soict de confession, l'eucharystie ou l'extresme-onction, elles vont appeler les chappelains pour leur adsister, et s'ils sont agonisants, elles ne bougent d'auprès à leur crier Jesus Maria sans les abandonner qu'ils ne soient décédés (1) ».

Outre ces grandes salles, il y avait encore des chambres dites salles de la Recommandation où « la religieuse d'office

---

1. Briéle, ouv. cit.

pouvait faire coucher le malade seul et lui procurer mille
douceurs qu'on ne pouvait avoir dans les autres salles (1) ».

Les médecins de l'Hôtel-Dieu

Le 30 septembre 1536, un arrêt du Parlement de Paris
ordonne qu'un médecin et un apothicaire seront nommés par
le gouverneur de l'Hôtel-Dieu pour visiter, à des jours dési-
gnés, les malades de l'hôpital et veiller à ce que leurs médica-
ments soient de bonne qualité. Le 22 novembre suivant, en
exécution de cette ordonnance, le bureau de l'Hôtel-Dieu
chargeait maître Mathurin Tabouet, licencié en médecine, de
« verre et visiter doresnavant tous et chacuns les pauvres
mallades qui sont et viendront cy après audit Hostel-Dieu,
une fois ou deux toutes les sepmaines, et lesdictes visitations
faites, mectre hors ceulx qui n'ont point besoin d'être pensez.
Auquel Tabouet était alloué par chacun an quarante livres
tournois (2) de gages (3) ». Le second médecin de l'Hôtel-
Dieu s'appela Guydo; le troisième fut Jehan Le Vasseur qui
fit élever son traitement à cent livres, à charge de venir trois
fois la semaine par les temps de peste. Après lui vient
Philippe Alan, qui fit nommer pour l'assister un apothicaire.

En 1568, le médecin est un docteur régent, Simon Mal-

1. Abbé de Récalde. Abrégé historique des hôpitaux.
2. Environquarante francs.
3. Brièle, ouv. cit.

medy, dont les gages sont de 120 livres tournois, le traitement ayant augmenté avec le grade. Son successeur, Robert Crozon, reçu comme médecin de l'Hôtel-Dieu en 1573, est obligé de visiter les malades tous les jours.

Jusqu'à 1635, il n'y a toujours qu'un seul médecin à cet hôpital. C'est après Robert Crozon, Philippe Hardouin de Saint-Jacques (1585) dont le salaire monte à 100 livres, Jacques Lescripvain (1591) qui gagne 66 écus au soleil (1), Anthoine Bernier (1596) qui fait isoler les malades de contagion dans la salle du Légat; maitre Borrius (1600), Bazin (1606), Francier (1607), Moreau (1619). Mais les Gouverneurs de l'Hôtel-Dieu comprennent que leur personnel médical ne saurait suffire à tant de malades auxquels il est nécessaire de procurer des soins assidus; le 30 décembre 1615, constatant qu'il y a 800 malades dans leur maison, ils doublent le traitement du médecin Bazin à charge par lui de les visiter et servir continuellement « quatre heures par chacun jour, savoir depuis dix heures du matin jusques à douze et depuis trois heures de relevée jusques à cinq (2). »

L'année suivante, le Bureau s'attache en qualité de médecin et pour le service exclusif de l'Hôtel-Dieu, Monsieur Francier, docteur régent, « lequel n'ayant ni femme ni enfant sera plus apte à cet emploi. » Après sa mort, son successeur Moreau sert l'hôpital, seul, pendant sept ans avec

1. L'écu au soleil valait environ 10 fr. 60.
2. Brièle, ouv. cit. (procès verbaux des délibérations du bureau de l'Hôtel-Dieu).

un traitement de douze cents livres, puis s'adjoint en sous-ordre un médecin adjuvant.

Enfin, le 10 décembre 1638, il y a trois médecins à l'Hôtel-Dieu, choisis parmi les Docteurs de la Faculté de Paris alors au nombre de cent douze. Ce sont maîtres Moreau, Ferrand et Cappon. L'année suivante, Ferrand, mort, est remplacé par Dupré sur la présentation des deux médecins qui restent en fonctions. Mais la quantité des malades augmente toujours et en 1651 dépasse le chiffre de 2.000. Les gouverneurs, sur la requête de Monsieur Moreau, demandent à la Faculté deux médecins supplémentaires pour venir à l'Hôtel-Dieu charitablement et sans gages. Guy Patin, alors doyen, trouve immédiatement quatre docteurs, Bachet, Bourges le Jeune, Laulnay et Levasseur qui s'offrent spontanément et se relayent chaque mois pour le service de l'hôpital.

En 1660, la population hospitalière devient si nombreuse qu'il y a jusqu'à 6 ou 8 malades dans chaque lit (1). D'autres

1. Comment six et huit malades pouvaient-ils tenir dans un même lit? Il en fut pourtant ainsi jusqu'à la fin du XVIIIe siècle, jusqu'à l'époque où Tenon écrivait ses mémoires sur les hôpitaux, et la dimension des lits de l'Hôtel-Dieu a exercé les recherches et l'imagination de plusieurs savants. Un acte consigné sur le Registre des délibérations de l'Hôtel-Dieu nous donne des renseignements précis à ce sujet : « Le 21 mai 1533, Jehan Morel, menuisier, demeurant à Paris, a marchandé avec Messieurs les Gouverneurs, de fere et parfere les couches qu'il conviet pour la garnison de la salle neufve que Monsieur le Légat faict ediffier, qui est jusques au nombre de cent couches faictes en la manière qui s'ensuyt : c'est assavoir *chacune couche de six pieds de long sur quatre pieds de large*, à dossier de quatre pieds de hault, le tout à panneaulx plains et le tout enchas-

sont couchés sur des paillasses étendues à terre, et ils meurent en si grande quantité que les ecclésiastiques se trouvent « extraordinairement fatigués à leur administrer les sacrements. » Que dire alors de ceux qui les soignent? On arrive ainsi jusqu'en 1661, où enfin sept médecins sont nommés à l'Hôtel-Dieu : — un pour le service des prêtres, religieux et officiers de la maison, avec un salaire de 300 livres, et six pour les malades recevant chacun 600 livres. Ce sont de Laulnay, Cappon, Garbes, Moreau, de Bourges, et Sartes. Ils devront faire leur visite de huit heures du matin à dix heures, changer de salle tous les deux mois, et l'un d'entre eux devra revenir le soir pour visiter les malades plus gravement atteints. Ils sont toujours nommés par le Bureau sur la présentation de leurs collègues, ainsi qu'en fait foi l'acte suivant du 10 décembre 1666 : « La Compagnie ayant mis en délibération le choix de deux médecins de l'Hostel Dieu au lieu des sieurs de Laulnay et Cappon, entre plusieurs qui ont été proposez, trouvez capables et de mérite, ladite Compagnie a fait choix des sieurs Thenart et Perreau ; et attendu les bonnes qualitez du sieur Fagon, témoignées par plusieurs scavans médecins et d'ailleurs très connues au public.

sillé et à jour par dessouz ; au devant desquelz litz y aura deux pannaulx couchez. Sur le chevet desquelles couches y aura ung ais de six poulces de large ou environ pour le service des pouvres. Soulz chacune desquelles couches y aura une petite forme de la longueur desdictes couches qui se ostera pour reposer. Le fond desdictes couches sera faict à double joinct et traverse, le tout de bon bois de Montargis loïal marchant moïennant et parmi la somme de cent dix solz tournois chacune couche.

quoyqu'il n'y ait que très peu qu'il a pris le bonnet de Docteur, la Compagnie arreste qu'il sera receu septième médecin de l'Hostel Dieu surnuméraire et sans gages en attendant qu'il y ait une place vacante des six qui ont gages (1).

Jusqu'en 1689, nous ne trouvons pas de changement dans l'organisation générale. Les médecins conservent seulement les mêmes salles six mois au lieu de deux. A cette époque se retire, après vingt-neuf ans de services, le docteur Garbes, et le nombre des malades diminuant par suite de la fondation de nouveaux hôpitaux, il ne reste plus que cinq médecins à l'Hôtel-Dieu.

Ainsi se compose tout le personnel médical de l'Hôtel-Dieu au XVII° siècle. Des bacheliers en très petit nombre, suivent bien le matin la visite des médecins : encore fut-ce seulement en 1677 que ceux-ci furent autorisés à se faire accompagner par trois ou quatre étudiants, et c'est en 1707 qu'un édit obligea les jeunes médecins à fréquenter pendant deux années l'Hôtel-Dieu, suivant alternativement pendant trois mois chaque service, et à apporter, pour être admis à la licence, un certificat de chacun des docteurs de cet hôpital. Il n'y a pas de médecins internes à l'Hôtel-Dieu. Le premier acte qui a trait à leur établissement est cette délibération du Bureau, en date du 17 mars 1691 : « Sur ce qui a été dit que les pauvres malades de l'Hostel-Dieu ne sont visités que le matin de chaque jour par les médecins et qu'il peut subvenir des accidents fascheux l'après midy et mesme la nuit, où

1. Délibérations du Bureau de l'Hôtel-Dieu.

le secours du médecin serait nécessaire, et que pour cela, il serait à propos qu'il y en eût un résident, la Compagnie a arresté que Messieurs les Administrateurs s'informeront pour en trouver un de capacité et d'expérience reconnues, en cas qu'aucun des médecins qui sont à l'Hostel-Dieu ne veuille accepter ce party. »

Mais ce projet resta lettre morte.

Cette absence d'internes en médecine à l'Hôtel-Dieu tint à deux causes : d'abord, à ce que la thérapeutique de cette époque fut presque exclusivement chirurgicale, ensuite à ce fait que les médecins du XVII° siècle ne sont rien moins que chirurgiens et ne touchent guère à leurs malades que pour leur tâter le pouls.

La première proposition se démontre aisément par ce passage des « Curieuses recherches » (1) de Riolan qui a trait à la saignée : « Il faut, dit cet auteur, sçavoir bien user de ce grand remède et apporter une modération à ceste grande licence de tirer du sang. Voyons en quelles maladies et parties affligées du corps, et en quelles personnes nous devons l'employer. Premièrement, pour les maladies du cerveau par réplétion, pour les maux de gorge qui estranglent, pour les maladies des yeux avec grande chaleur et inflammation ou réplétion, pour les douleurs d'oreilles insupportables, pour les maladies du cœur, du poumon, de la poitrine avec fièvre et douleur de costé, pour les inflammations et dou-

---

1. Curieuses recherches sur les escholes de médecine de Paris et de Montpellier, par Jean Riollan (1651).

leurs des viscères du ventre, pour les maladies de la
matrice avec douleur et chaleur, suppression des mois, pour
les dysenteries, flux de ventre s'il y a de la fièvre, pour le
rhumatisme, mais particulièrement pour les fièvres conti-
nues chaudes, souvent réitérées, et pour les fièvres malignes
et pourprées. On s'en sert heureusement pour la rougeole,
la petite vérole avec fièvre, avant qu'elle paraisse, lorsqu'elle
sort et encore mesme après qu'elle est sortie (1), chez les
petits enfans à la mamelle d'ung mois et de deux s'ils
étouffent, chez les vieilles gens fébricitans de quatre-vingts
et quatre-vingt-dix ans, les femmes enceintes sans maladie,
et réitérée souvent quand elles ont la fièvre violente, mesme
en accouchant pour faciliter l'accouchement. C'est un grand
remède aux playes récentes, la saignée avec l'abstinence,
mesme aux inflammations externes et tumeurs chaudes ».

Mais Riolan est professeur d'anatomie et de chirurgie et
l'on pourrait croire qu'il a pour la saignée une profession-
nelle dilection. Nous ferons alors remarquer que Guy
Patin, doyen de la Faculté de médecine à cette époque, se
fait saigner sept fois au cours d'une simple bronchite (2), et
M. Cousinot, médecin du roi, soixante-quatre fois en huit
mois pour un rhumatisme (3).

Enfin, le 11 juin 1662, on voit, sur les registres de l'Hôtel-Dieu, qu'il y a environ quatre cents saignées à faire

1. Petite vérole, disait Chirac, médecin du régent, petite vérole tu
as beau faire, je t'accoutumerai à la saignée.
2. Lettres de Guy Patin.
3. Lettres de Guy Patin.

tous les jours à cet hôpital et cent purgations à administrer.
Car si l'on saigne à Paris, on purge à Montpellier, et après
l'invasion de Paris par Théophraste Renaudot et les médecins de la vieille cité languedocienne, les éclectiques du
temps allient l'antimoine à la phlébotomie, et le « saignare,
ensuitta purgare » de Molière apparaît moins comme une
plaisanterie que comme une constatation macabre.

Or la saignée était fonction des chirurgiens et barbiers, et
« purgare » était un verbe exclusivement conjugué par
l'apothicaire. A cette époque où chaque corporation a ses
attributions déterminées par des limites inviolables, où les
médecins, en particulier, sont si âpres à défendre leurs
droits, toujours en guerre avec les chirurgiens, les barbiers,
les apothicaires, l'école de Paris avec l'école de Montpellier. Riolan avec Renaudot, en ce siècle de grandes « entre
mangeries doctorales », suivant l'expression de Bayle, où
Guy Patin dit des chirurgiens que c'est « une race de
méchants coquins bien extravagants qui ont des moustaches
et des rasoirs », les bacheliers en médecine devaient s'engager par serment et devant notaire à ne pas exercer la
chirurgie ni aucun art manuel, comme étant des pratiques
éminemment contraires à la dignité d'un médecin (1).

1. Si quis baccalaureos sederit qui chirurgiam aut aliam artem
manuariam exercuerit, ad licentias non admittatur nisi prius fidem
suam adstringat publicis notariorum instrumentis, se nunquam pos-
thac chirurgiam aut aliam artem manuariam exerciturum, idque in
collegii medici commentarios referatur : ordinis enim medici digni-
tatem puram integramque conservare oportet. (Commentaires de la
Faculté. — Réformation de l'Université, article 24.)

Préjugé antique venu des profondeurs du moyen-âge, du temps où les médecins étaient des ecclésiastiques à qui l'Eglise défendait toute effusion de sang et tout contact charnel, et qui se poursuivit jusqu'à l'époque de Laënnec où les collègues de ce grand homme regardaient l'auscultation comme une chose « dégoûtante » ! (1) Qu'eussent fait à l'hôpital des étudiants en médecine ? L'école suffisait à leurs longues et savantes disputes, et leur enseignement clinique se faisait aux consultations gratuites de la rue des Mathurins ou dans les bureaux d'assitance de Renaudot.

Les internes et externes de nos jours n'ont eu pour aînés au dix-septième siècle que des chirurgiens et c'est des chirurgiens de l'Hôtel-Dieu que nous allons maintenant étudier la vie et la condition.

Les Chirurgiens de l'Hôtel-Dieu

C'est le 16 janvier 1328 que Charles IV le Bel, roi de France, décida que les malades de l'Hôtel-Dieu seraient confiés aux soins de ses deux chirurgiens jurés au Châtelet, moyennant une indemnité de douze deniers parisis (2) par jour (3). Ces chirurgiens ne s'occupaient pas spécialement de l'Hôtel-Dieu : il faut arriver vers 1530 pour trouver la

1. Laënnec. Traité d'auscultation. *Introduction.*
2. Soit un sol, c'est-à-dire la vingtième partie d'une livre tournois.
3. Quesnay. Recherches sur l'origine et les progrès de la chirurgie (1744).

mention d'un chirurgien attaché au service exclusif de cet
hôpital. C'est Maître Bureau, à qui succèdent en 1539
George Barbas, et en 1540 Jasot le Normant dont le salaire
annuel est de trente livres tournois. Celui-ci est remplacé
le 9 mars 1541 par Jehàn de May, maître ès arts et chirurgien. Ensuite, en 1561, Cosme Roye qui a deux serviteurs,
« auxquels l'Hôtel-Dieu donne logement et pitance, à cause
de la peste qui sévit en cette année et sans que cela puisse
engager l'avenir, ces deux serviteurs ne devant aucunement
sortir de l'Hostel-Dieu, ains continuellement et assiduellement
de nuict et de jour, penser et traicter les pauvres malades,
frères, sœurs et aultres serviteurs du dict hospital (1). »

Vincent Hamelin (1562), puis Balthazar Delaistre (1568)
aux gages de neuf-vingts livres tournois. A ce moment,
les serviteurs du chirurgien ne sont plus logés à l'hôpital,
mais, « il leur est baillé une chopine de vin et une miche
bise au matin, avec un pied de mouton pour le maître-chirurgien et ce quand ils vont penser les malades, et autant
le soir à même occasion (2) ». C'est ainsi que de nos jours
encore, dans tel service du moderne Hôtel-Dieu où nous
avons commencé nos études chirurgicales, on sert un modeste
lunch au chef et à ses aides après les opérations de la lapa-
rotomie. Comme on le voit, la coutume est ancienne et vau-
drait à ce seul titre d'être conservée.

En 1583, on attribue un salaire aux quatre serviteurs du

1. Briéle. Délibérations du Bureau de l'Hôtel-Dieu.
2. Briele, ouv. cit.

chirurgien : ils gagnent chacun un écu et demi d'or au soleil par mois. En 1586, le chirurgien et ses aides sont nourris à l'hôpital ; de plus maître Vincent Hamelin est logé dans une maison dépendant de l'Hôtel-Dieu pour laquelle il paye un loyer très réduit. Nous atteignons ainsi le dix-septième siècle.

En 1598, Laurent Guérin, barbier-chirurgien a été choisi « pour panser et médicamenter bien doulcement et soigneusement les pauvres ». Il cède la place en 1603 à Pierre Corbilly, compagnon-barbier et chirurgien, accepté sur sa présentation.

Le chirurgien est alors placé sous la surveillance du médecin « qui devra voir toutes les incisions, trous et opérations de chirurgie qui se feront à l'Hostel-Dieu. » C'est lui qui choisit ses aides et ceux ci le servent, comme tout autre maître chirurgien de Paris, dans le but de gagner la maitrise, qui leur est accordée sans frais lorsqu'ils ont servi en temps de peste. Il est logé et nourri à l'hôpital avec ses serviteurs et on peut considérer comme les premiers internes connus les cinq compagnons chirurgiens dont les noms suivent :

Pierre Mesnyer de Bourgogne, Pierre Jantoch de Paris, Toussainczt, Leboeuf, Laurin.

Nous sommes alors en 1613. Le 4 juin 1625, nous relevons la première esquisse d'un concours pour la nomination du chirurgien de l'Hôtel-Dieu. « La Compagnie fait choix, entre tous ceux qui se présentent pour remplacer Messire Bonnet, de Pierre Hideux, Jehan Millot, Pierre

Challoteau, Pierre Corbilly, Helye Pijoux, et Claude Le-
grou, pour être interrogés devant elle par deux médecins,
deux chirurgiens et deux barbiers (1). » Jehan Millot, sorti
vainqueur du concours est nommé pour six ans chirurgien
de l'Hôtel-Dieu. Il est assisté de cinq garçons « experts et
capables » dont deux couchent à l'Hôtel-Dieu, l'un préposé
pour visiter à la porte, l'autre pour subvenir à tous accidents. Mais ces cinq compagnons chirurgiens ne peuvent
suffire à leur tâche : aussi appellent-ils à leur aide des serviteurs à eux, des barbiers, des apprentis plus ou moins
habiles que les gouverneurs de l'hôpital essayent en vain
d'exclure, et ainsi se trouvent constitués les premiers externes des hôpitaux de Paris. Le vaste champ d'expérience et
d'études qui s'offre à l'Hôtel-Dieu attire de plus en plus les
compagnons chirurgiens. Pour en arrêter l'affluence consi-
dérable, on exige d'eux, à partir de 1640, des certificats de
service délivrés par leur maitre antérieur, on limite leur
nombre à quarante-cinq en 1687 : cinq sont nourris à l'Hôtel-
Dieu, savoir « ceux qui sont aux amputations, aux vérolés,
aux accouchées et celui qui lit au réfectoire. »

En 1642, nouveau concours pour la nomination d'un chirurgien. Cette fois, il est choisi non parmi les maitres, mais
parmi les compagnons, et c'est au bout de six ans de services à l'Hôtel-Dieu qu'e par un privilège spécial, il acquiert
la maitrise en quittant l'hôpital. Après une période de douze
ans, pendant laquelle se succèdent Jehan Millot fils ou pa-

1. Briéle, ouvr. cit.

rent de l'ancien chirurgien de ce nom, et Gouyn, les gouverneurs de l'Hôtel-Dieu reconnaissent « qu'il est à propos, pour le plus grand soulagement et plus prompte guérison des malades, de choisir un maistre chirurgien, et sous luy seulement, un compagnon de capacité et expérience reconnue, lequel après une service de six ans, gagnerait la maîtrise suivant les privilèges de la maison, et huit compagnons ou garçons chirurgiens (1). »

Enfin, en 1666, époque où est établi définitivement le règlement des chirurgiens, il y a douze compagnons internes, dont le nombre se maintiendra tel jusqu'à la fin du XVIIe siècle ; et en nombre encore indéterminé, des externes et pensionnaires du maître chirurgien.

Nous nous rapprochons ainsi, de plus en plus, de l'organisation actuelle.

Les Services spéciaux

L'OFFICE DES ACCOUCHÉES

Il existait à l'Hôtel-Dieu deux services à peu près indépendants : celui des accouchements et celui de la taille.

L'office des accouchées, auquel tout un volume a été consacré par M. H. Carrier, était sous la direction d'une maîtresse sage femme, aux gages annuels de cent livres. Elle

1. Brièle, ouvr. cit.

devait être catholique et veuve. Elle était admise après examen des médecins de l'Hôtel-Dieu, et elle avait sous ses ordres six ou sept apprenties par an, dont chacune devait rester deux mois dans la salle avant de pouvoir obtenir un certificat du bureau. Ces apprenties n'avaient pas le droit de procéder à un accouchement avant vingt jours, et ne devaient le faire qu'en présence de la sage-femme.

Les femmes enceintes entraient à l'Hôtel-Dieu les mardi et vendredi de sept heures à neuf heures du matin après avoir été visitées par la maîtresse sage-femme elle-même. On les employait volontiers, avant leur accouchement, à éplucher les herbes de la cuisine, à plumer les volailles, à filer au fuseau et à coudre.

Il n'était pas rare qu'elles fussent obligées, comme les autres malades de coucher trois ou quatre dans un lit. Après leur délivrance on les faisait descendre dans la salle basse, au-dessous de l'infirmerie ; les fenêtres de cette salle, située au rez-de-chaussée, étaient à quelques toises au-dessus de la Seine, perdues en hiver dans le brouillard, ouvertes en été à toutes les émanations du fleuve.

D'où une effrayante mortalité, qui atteignait les enfants et les mères.

Il fut interdit de porter les accouchées dans cette salle sans l'ordonnance du médecin, mais où les mettre ? En bas, la peste : en haut, la contagion. Devant cette fièvre puerpérale dont l'agent reste alors ignoré, les médecins cherchent et s'affligent.

Avec l'autorisation du bureau et de la mère-prieure, des

chirurgiens de la ville ou de province venaient à l'Hôtel-
Dieu s'exercer dans l'art des accouchements. Il y eut même
au commencement du XVIII° siècle une telle affluence de
médecins et de chirurgiens dans la salle des accouchées qu'on
fut obligé d'en interdire complètement l'accès.

L'OFFICE DES TAILLÉS

L'office des taillés qui joue un si grand rôle à l'Hôtel-
Dieu, fut placé de bonne heure sous la direction de chirurgiens spécialistes. Il fut constitué vers 1644. Jusqu'à cette
époque, les malades de la pierre n'avaient pas de salle particulière (1); en considération de leur nombre, des soins spé-
ciaux qu'on leur donnait, on les mit alors dans la salle
neuve où ils étaient couchés et opérés. En 1648, à cause des
cris des patients dont leurs camarades étaient effrayés, on
établit une chambre d'opération avec le fameux banc où
s'asseyait l'opéré, chacune des deux mains liée au pied cor-
respondant. En 1680, la salle neuve étant devenue insuffi-
sante, on y adjoignit le grenier à la plume situé au-dessus.

Les résultats opératoires n'étaient pas très rassurants pour
les opérés, car une statistique de 1713 indique que sur cinquante taillés, il en mourait dix.

Quand, en 1651, maître Petit devint chirurgien de l'Hôtel-

1. Ils étaient encore opérés par le maître chirurgien, et Jehan
Bonnet s'était acquis pour cette opération un grand renom d'habileté
Il pratiquait même la taille hypogastrique, dite au haut appareil,
alors qu'on faisait ordinairement la taille périnéale au petit ou au
grand appareil (Voir Tolet, traité de la lithotomie 1680

Dieu, il ignorait l'opération de la taille, et ce furent ses deux prédécesseurs Haran et Gouyn qui se chargèrent charitablement de cet office. C'est même à ces deux chirurgiens qu'on doit au mois d'avril 1656, le premier établissement à l'hôpital d'une collection d'instruments ayant servi ou nécessaires encore à toutes sortes d'opérations, étant par conséquent d'un intérêt historique et pratique.

Puis, le maître chirurgien, jaloux des succès de son collègue, voulut ressaisir le service qu'il avait laissé échapper; les gouverneurs décidèrent même, sur ses instances que maître Gouyn lui apprendrait gratuitement l'opération de la taille afin qu'il pût s'en charger dans la suite. Mais à ce moment, la quantité des calculeux auxquels, vraisemblablement, l'opérateur ne pouvait suffire, le grand renom d'habileté de certains chirurgiens de la ville, leurs hautes relations forcèrent l'administration de l'Hôtel-Dieu à accepter d'ailleurs gratuitement les services de certains spécialistes. C'est ainsi qu'on vit à la salle d'opération des taillés les trois Collot, le père, le fils et le neveu, Lasnier, Fournier, Rufin, etc. Il est à remarquer, du reste, qu'à cette époque, les portes de l'Hôtel-Dieu s'ouvrent facilement à toutes sortes de praticiens, rebouteux, possesseurs de secrets qui viennent les essayer sur les malades de cet hôpital, grâce aux recommandations naïves de puissants seigneurs ou dames.

Maître Gouyn, qui pouvait se considérer à bon droit comme le chirurgien officiel de la taille, voulut s'associer à maître Petit pour expulser ces étrangers. Ils n'y réussirent point. Pour trancher ces différends, on donna aux mé-

decins la haute main sur l'office des taillés : eux seuls
désignèrent les opérés et les opérateurs, réglèrent et surveil-
lèrent les opérations. Puis, après bien des querelles et des
altercations, le sieur Collot resta maître de la situation et
transmit en 1671 son titre et sa fonction. avec le secret qu'il
prétendait posséder. à son cousin Jérôme Collot.

Celui-ci démissionna en 1681 parce qu'ayant été malade
quelques jours. on avait taillé en son absence. Tous ces
chirurgiens de la taille paraissent d'ailleurs avoir été doués
d'une irritabilité particulière. Son successeur, Morel qui
ne prétendait pas avoir de secret. forma des élèves parmi
les compagnons de l'Hôtel-Dieu, et en 1692, il y eut tant
d'opérateurs qui s'étaient gratuitement offerts que la Compa_
gnie fut obligée d'en arrêter le nombre à deux : Saviard et
de Jouy avec lesquels s'achève le XVIIe siècle.

Les compagnons-chirurgiens et externes

Nous avons retracé. succinctement. l'historique des services de l'Hôtel-Dieu. nous avons montré leur organisation :
il nous reste maintenant à connaître, dans leur vie et dans
leur travail. ceux qui en étaient les ouvriers médicaux.

Les externes de l'Hôtel-Dieu comprenaient : 1° les pensionnaires ou apprentis du maître chirurgien. attachés à sa
personne et, secondairement. à l'hôpital qu'il servait: 2° les
externes proprement dits qui, après avoir fait quelque temps

de stage chez un chirurgien de la ville, entraient à l'Hôtel
Dieu pour y acquérir plus d'habileté dans leur art, tâcher de
parvenir, par rang d'ancienneté, au nombre des douze compagnons logés et nourris dans la maison, et pour tenter, au
besoin, d'y gagner la maîtrise après examen et six ans de
services assidus.

Quand l'externe était admis à l'Hôtel-Dieu, son premier
acte était un don gracieux à ceux qui l'allaient commander
et instruire. Il devait, avant de commencer à travailler,
offrir au maître-chirurgien et au compagnon gagnant maîtrise deux lancettes neuves pour chacun, et douze aux douze
compagnons. Cela, dit le règlement de 1666, au lieu et place
de certains festins de bienvenue qui se faisaient cy-devant,
lesquels sont absolument défendus. Ces festins de bienvenue,
qui jouaient un grand rôle à cette époque, non seulement
dans l'hôpital, mais à la Faculté de Médecine, et auxquels
le maître-chirurgien ne dédaignait pas de présider, portaient à
l'Hôtel-Dieu le nom pittoresque de « Dégraissement de
tablier. » Ils furent supprimés en 1662 sur la plainte de
compagnons pauvres, lesquels trouvaient suffisamment oné-
reux de payer pour leur entrée seize lancettes neuves esti-
mées quarante sols la pièce (1).

1. Cette coutume ne disparut pas complètement de l'Hôtel-Dieu,
car au siècle suivant, nous la retrouvons à l'occasion des examens
de médecine qui se passent dans la salle du Chapitre. Le candidat
devait offrir à chacun des maîtres un bonnet d'écarlate et des gants
violets ornés d'une houppe de soie, à chaque bachelier une paire de
gants, et en quittant l'Hôtel-Dieu, un bon repas à la Compagnie.
Sabatier).

Les douze compagnons-chirurgiens logés et nourris à l'Hôtel-Dieu, ou pour parler le langage actuel, les douze internes, portaient comme marque distinctive le tablier blanc; les externes et pensionnaires du maître-chirurgien en portaient un noir avec cette différence que celui des pensionnaires était noué d'un ruban rouge.

Le maître-chirurgien réglait et ordonnait tout ce qui avait rapport au pansement des malades. Le compagnon gagnant maîtrise avait de même autorité sur les autres compagnons qui étaient obligés de leur obéir et de leur porter honneur et respect.

Les douze compagnons-chirurgiens étaient répartis comme il suit : un d'entre eux, pris parmi les quatre plus anciens, visitait, pendant un mois, les malades qui se présentaient à la porte du parvis; un second était préposé à la salle des opérations; sept étaient dans la salle des blessés, savoir, un dans le rang des fractures, et deux pour chacun des trois autres rangs. Le dixième s'occupait de la salle de l'infirmerie, le onzième de la salle Jaune, le dernier de la salle du Légat. Malades, ils étaient remplacés par des externes, suivant le rang d'inscription et d'ancienneté.

Les compagnons-chirurgiens, couchés à l'Hôtel-Dieu, et avec quel confortable! (trois lits et une couchette pour neuf en 1657) se levant à cinq heures du matin en été, à six heures en hiver. Incontinent après s'être habillés, ils s'assemblaient dans l'une de leurs chambres, et se rendaient ensuite aux salles pour commencer les pansements, à cinq heures et demie en été, six heures et demie en hiver.

« Ils devaient faire lesdits pansements avec affection et douceur, regardant dans les pauvres la personne de Jésus-Christ (Est-il besoin de dire que tout chirurgien de l'Hôtel-Dieu devait appartenir à la religion catholique, apostolique et romaine ?) et outre le dessein d'apprendre leur art, ils avaient encore et principalement celui de se sanctifier dans un emploi qui est de soi-même une œuvre de miséricorde, capable de leur attirer beaucoup de grâces et de bénédictions. Ils ne devaient jamais s'absenter sans congé à l'heure des dits pansements, sous prétexte que les externes et pensionnaires suppléait à leur défaut, ou d'aller à l'École de médecine, ou Jardin des simples. Avaient-ils dans leurs lits de grandes plaies ou ulcères périlleux, ils avaient soin d'eux-mêmes de les faire voir souvent aux maîtres et de prendre leur avis. Ils distribuaient entre les externes et pensionnaires les moins malades de leurs rangs, s'assuraient de leur travail, les reprenant charitablement et avec douceur (1). »

Depuis le mois de septembre 1665, il était permis aux six plus anciens, pour leur faciliter les moyens de s'expérimenter dans leur art, d'ouvrir des abcès et de faire des incisions en la présence et de l'avis du maître-chirurgien, mais non autrement sous peine d'être congédiés.

« Lorsqu'ils panseront les malades, ils seront soigneux, ajoute le Règlement, de jeter dans le dessous de leur appareil, fait exprès pour cela en forme de boëte, les vieux emplastres, tantes, plumaceaux et autres ordures qui ont servy

1. Règlement de 1665. Délibérations du Bureau de l'Hôtel-Dieu.

aux malades et qui ne pourront plus être reblanchis, et pour les linges qui pourront l'être encore, ils le jetteront sur le ciel de lit. »

Chacun des externes portait, de même, un petit appareil en forme de boîte ronde, avec un compartiment pour mettre les débris de pansements, qu'ils allaient vider dans l'appareil de leur compagnon ; puis le dernier des externes allait les porter dans les lieux communs, et des peines sévères assuraient l'exécution de cette peu délicate besogne.

L'appareil des compagnons, dont le compartiment supérieur contenait tous les objets nécessaires aux pansements, devait être apprêté le soir pour le lendemain matin, et une demi-heure avant le pansement du soir.

Les pansements du matin finissaient ordinairement à huit heures et demie. Les compagnons rapportaient alors dans les *chirurgies* les réchauds qui leur avaient servi, en vidaient le charbon dans la cheminée de l'office, et serraient les appareils, onguents et emplâtres dans leur armoire.

Puis, les deux derniers reçus se rendaient à l'apothicairerie pour, de là, suivre messieurs les médecins qui étaient prêts à faire leur visite et écrire leurs ordonnances. C'étaient dans l'argot chirurgical de cette époque « les topiques ».

Un autre était chargé chaque semaine d'aller quérir à l'apothicairerie les onguents et drogues nécessaires pour les pansements, de les porter et enfermer dans les armoires des chirurgies, « tant pour eux empêcher le vol qu'à cause de la poussière qui les pourrait graster et diminuer leur effet, sinon les corrompre, » de tenir les chirurgies nettes de toutes ordures, et de laver et nettoyer les bassins qui avaient servi aux pansements des malades.

Depuis les pansements du matin jusqu'au diner, dont la cloche les appelait à onze heures, les compagnons employaient leur temps à entendre la messe, à déjeuner ensuite, puis à étudier pour se rendre capables dans leur art.

Après le diner, vers une heure, ils allaient faire les saignées. Ils abandonnaient les plus faciles aux externes et pensionnaires, les trop difficiles et périlleuses, comme celles de la jugulaire, salvatelle, artères, et autres de cette nature, au maitre chirurgien et au compagnon gagnant maîtrise, « devant estre loué davantage pour cette déférence que si en trop hasardant ils avaient bien réussi. »

Ils ne devaient faire aucune saignée sans chandelle allumée et pour cela, on leur en distribuait tous les quinze jours.

Les saignées étaient ordinairement faites à deux heures. Les compagnons se rendaient alors aux chirurgies, apprêtaient leurs appareils et commençaient les pansements du soir, à deux heures et demie en hiver, à trois heures en été.

Après quoi, chacun dressait la liste exacte de ses malades, en compulsant les billets de parchemin qui, depuis le 21 février 1618, étaient attachés à chaque lit par le greffier. Cette liste, jointe à celle de ses collègues, servait à dresser la liste générale des malades que signait le maitre chirurgien et qui était transmise à l'administrateur résident et aux officiers de l'ordinaire,

Le souper avait lieu à six heures.

Après le souper, chacun des compagnons faisait un tour dans sa salle, visitait les blessés de son rang, examinait s'il n'était point survenu de malades nouveaux ou d'accidents aux anciens, et, s'il y avait quelque ordre des médecins ou du maître-chirurgien à exécuter à cette heure, y pourvoyait.

Ensuite, avaient lieu, à certains jours, la prière publique, le catéchisme, auxquels ils étaient tenus expressément d'assister. Les autres jours, à huit heures précises du soir en hiver et à neuf en été, ils se retiraient dans leur chambre pour étudier, revenaient quelque temps après faire la prière en commun, puis éteignaient soigneusement leur chandelle, crainte de feu, sans qu'il leur fût permis de veiller à des heures indues sous prétexte d'étude.

Il y avait toujours deux compagnons de garde chaque semaine : c'étaient d'abord le premier et le dernier par rang d'ancienneté, puis le second et le onzième, et ainsi de suite. Ils avaient pour fonction de panser et saigner tout le long du jour les pauvres du dehors qui ne venaient pas pour être couchés ni demeurer dans la maison, observant néanmoins de ne pas saigner les femmes ou filles sans l'ordre d'un des médecins de l'Hôtel-Dieu ou du maître-chirurgien. Comme on le voit, ce fut l'origine des services de consultations dans les hôpitaux. Le soir, ces deux compagnons faisaient la ronde dans les salles pour subvenir aux cas urgents ou imprévus. Ils couchaient dans une petite chambre donnant sur l'escalier de la salle Saint-Thomas où étaient les blessés, afin d'être toujours prêts à être réveillés. Le dernier reçu devait se lever le premier.

Qu'ils fussent de garde ou employés au service ordinaire, les compagnons chirurgiens avaient bien peu de temps pour étudier en dehors de l'hôpital. Il n'en était pas de même des externes qui entre les heures des pansements, pouvaient encore aller suivre les cours de chirurgie de l'École de médecine professés en langue latine le matin, le soir en langue française (1).

Mais ils recevaient surtout leur enseignement à l'hôpital même, aux lits des malades qu'ils pansaient, ou en assistant aux opérations. Les trépans, amputations ou autres opérations considérables, en effet, avaient lieu, soit après les pansements du matin, soit avant ceux du soir. Ils étaient pratiquées par le maitre chirurgien en présence de trois des médecins de l'Hôtel-Dieu qui avaient seuls qualité pour les ordonner. Tous les chirurgiens de l'hôpital tant compagnons qu'externes ou pensionnaires y pouvaient assister, « en prenant garde à se disposer, de sorte à l'entour du lit du malade qu'ils ne lui apportent point d'incommodité, non plus qu'au maître qui opère. » Par là, ils étaient à même de profiter des discours qui étaient faits sur l'opération par le médecin ou le chirurgien.

1. « Ces professeurs de chirurgie ne font point profession de chirurgien ; ils n'en ont que le titre et non pas la chose; ils se contentent de discourir en chaire de ce qu'ils ont lu, car ils ne sauraient rien dire de ce qu'ils ont fait ; ils traitent la partie enseignante de la chirurgie et laissent là la pratiquante. » (J. Charpentier, Etat présent de la chirurgie).

Ils assistaient de même aux dissections et ouvertures de corps, mais il leur était défendu de s'approprier ou de dérober des cadavres pour en étudier l'anatomie, ce qui était pourtant assez commun (1).

Pour prévenir des faits regrettables à ce sujet, les gouverneurs finirent par leur accorder les cadavres des hérétiques morts à l'Hôtel-Dieu. Ceux-ci étaient en bien petit nombre, car si l'Hôtel-Dieu était « un asile commun pour tous les pauvres malades de toutes sortes de religions et de créan

1. La difficulté extrême qu'avaient les chirurgiens de cette époque pour se procurer des sujets de dissection, accaparés, depuis un arrêt du Parlement de 1551, par la Faculté de Médecine, les portait souvent à des actes barbares. André Vésale avait donné l'exemple en faisant enlever la nuit les pendus de Montfaucon.

Le 4 mars 1622, l'amphithéâtre d'anatomie où professait Riolan est envahi par les valets des chirurgiens et le cadavre sur lequel il faisait ses démonstrations, lui est arraché des mains. Une autre fois, c'est le collège Saint-Côme où font irruption des archers requis par l'École de Médecine pour enlever un cadavre indûment acquis. On ne s'étonnera donc pas s'il se passait à l'Hôtel-Dieu des faits comme ceux-ci :

Le 11 janvier 1679, deux externes emportent sans permission deux cadavres d'enfants pour en faire l'anatomie, en laissent tomber un en se sauvant qui dans la secousse ressuscite et vit encore deux heures.

Le 8 janvier 1681, un malade à l'agonie de la salle Saint-Côme est enlevé par deux personnes qu'on suppose être des chirurgiens externes, emporté vers sept heures du soir vers le puits situé sur le pont de l'Hôtel-Dieu pour le descendre, au moyen de la corde, sur la glace de la rivière où on aurait été le reprendre. De tels faits étaient punis, naturellement, de l'expulsion immédiate des délinquants, mais on ne les découvrait pas toujours.

ces, c'était aussi un lieu de bénédiction où chacun se convertissait », de sorte qu'il y entrait nombre d'hérétiques, mais qu'il n'y mourait guère que des catholiques (1).

Afin de compléter cet enseignement, Maitre Gouyn, nommé chirurgien de l'Hôtel-Dieu en 1648, s'était obligé par contrat à faire leçon et lecture aux compagnons et pensionnaires, ce qu'il parait avoir accompli assez exactement, mais son successeur Petit, malgré les réclamations des élèves et objurgations du Bureau, négligea volontairement ces leçons qui furent à peu près abandonnées jusqu'en l'année 1700 où ce chirurgien quitta l'Hôtel-Dieu. Il avait alors cinquante ans de service. A défaut de ces leçons, on institua, en 1672, des conférences faites par deux compagnons chirurgiens, Beauvais et Frader, les lundi et jeudi de deux heures à quatre heures, et ce pendant le temps du Carème.

D'autre part, M. Garbes, doyen de la Faculté de médecine, en reconnaissance d'un don fait par l'Hôtel-Dieu à la Faculté, avait, le 11 juin 1669, accordé par faveur spéciale aux compagnons chirurgiens de cet hôpital d'entrer gratuitement aux assemblées de l'Ecole pour assister aux anatomies (2).

En dehors de leurs études, en dehors de leur service, les

1. Les anciens registres de l'Hôtel-Dieu nous ont gardé le récit de curieuses scènes de conversions : il y en eut par reconnaissance, par affaiblissement mental ; il y en eut aussi de presque spontanées, et de sincères.

2. Garbes était aussi médecin de l'Hôtel-Dieu, ce qui explique encore sa bienveillance pour les compagnons chirurgiens, si extraordinaire à cette époque.

compagnons jouissaient d'une liberté bien minime. « En 1690, étans venus en bande au bureau faire leur remontrance afin d'être dispensez de rentrer à neuf heures du soir, principalement en cette saison de l'été, sous prétexte qu'ils avaient-besoin de prendre le bon air, la Compagnie les a réprimandez et leur a déffendu de venir en trouppe ni en particulier au Bureau pour réclamer contre les ordres donnez, auxquels il fallait qu'ils fussent soumis à peine d'être congédiez » (1).

On ne leur donne guère de congé, sauf quand ils sont demandés pour accompagner aux eaux ou en voyage de grands seigneurs ou dames, ce qui arrivait assez souvent. Cependant, après la peste de 1619-1620, on permit aux garçons chirurgiens et apothicaires « de se retirer aux champs pour prendre l'air et s'esventer, pendant et environ Pasques ou la Saint-Jehan » (2).

Les compagnons ne devait pas rester plus de quatre ans à l'Hôtel-Dieu : quand l'un d'entre eux voulait se retirer de la maison, il prenait congé du bureau qui lui délivrait un certificat constatant « s'il avait bien et fidèlement servi les malades et s'était bien gouverné » (3). Ce certificat, signé des médecins de l'Hôtel-Dieu lui était remis « après qu'il avait rendu les clefs tant communes que de ses armoires particulières » (4).

1. Brièle, ouv. cit.
2. —
3. —
4. —

Les examens à l'Hôtel-Dieu

La hiérarchie chirurgicale, à l'Hôtel-Dieu (1), comportait en commençant par les moindres en dignité :

Les externes et pensionnaires du maître chirurgien ;

Les compagnons chirurgiens ;

Le compagnon gagnant maîtrise ;

Le maître chirurgien.

Chacun de ces grades, sauf le dernier, demandait, pour être acquis, un examen.

Les externes ou pensionnaires étaient des étudiants à leurs débuts : au contraire de l'Ecole de médecine qui depuis longtemps recevait sur ses bancs des étrangers de haute distinction, il n'y eut pas à l'Hôtel-Dieu de garçon chirurgien étranger avant l'année 1685 : « la Compagnie accorda alors, sur la prière de Messieurs les Séminaires des missions étrangères, la permission à un nègre qu'ils avaient amené des Indes, de suivre les maîtres chirurgiens de l'Hostel Dieu à charge qu'il ne les voie travailler que dans les salles des hommes seulement. Pour être chirurgien externe, l'étu-

1. Le collège des Chirurgiens, le collège Saint-Côme, dont l'ambition constante au moyen-âge fut d'être érigé en faculté, avait voulu instituer un baccalauréat, une licence et un doctorat à l'exemple des Facultés de lettres, de droit, de théologie et de médecine. Celle-ci réclama âprement contre cette usurpation de titres, et il n'y eut dans la corporation des chirurgiens que des apprentis, garçons ou compagnons, des compagnons gagnant maîtrise et des maîtres.

diant, apprenti ou barbier, présentait sa requête au Bureau, et le premier mardi de chaque mois, en présence de Monsieur l'administrateur résident et d'un des membres du bureau, il était examiné par deux des médecins de l'Hôtel-Dieu, le maître chirurgien et le compagnon gagnant maîtrise. Ceux-ci mentionnaient leur avis au bas de la requête; s'il était favorable, le candidat recevait la permission de venir travailler à l'hôpital.

Deux ans après, il pouvait se présenter à l'examen de compagnon qui avait lieu devant les six médecins, le maître chirurgien et le compagnon gagnant maîtrise. Cet examen passé avec succès lui donnait le droit de prendre rang pour profiter de la première vacance.

Le plus ancien des compagnons, s'il voulait gagner la maîtrise par six ans de services à l'Hôtel-Dieu, avait le privilège d'être examiné avant tout autre pour qu'il fut constaté qu'il en était digne. Nous relatons ici le procès-verbal d'un de ces examens.

« Le 31 juillet 1687 se sont trouvez au Bureau les sieurs Garbes père, Marteau, Lombard, Morin, Enguehard et Garbes fils (1), médecins ordinaires de l'Hostel-Dieu, le sieur Dutertre, substitut perpétuel du médecin du Roy, les sieurs

---

1. Nous remarquons dans cette liste de médecins les deux noms de Garbes père et Garbes fils. Il y eut de même, parmi les médecins de l'Hôtel-Dieu, Moreau père et son fils, et deux Perreau. La famille des Riolan donna aussi deux professeurs à l'Ecole de médecine, de même celle des Akakia, des Piètre, — de sorte qu'apparaissent souvent comme des dynasties médicales.

G. C.   4

Ducos, Simon et le Breton, prévosts des maîtres-chirurgiens de Paris, suivant qu'ils en avaient été priez de la part du Bureau, pour interroger Barthélemy Saviard, le plus ancien des compagnons chirurgiens de l'Hôtel-Dieu, et donner leur avis s'ils le trouvaient capable de remplir la place de compagnon-chirurgien gagnant maîtrise; auquel interrogatoire ils ont vaqué l'un après l'autre, depuis deux heures trois quarts jusques à cinq heures un quart; et ils ont dit tous d'une voix qu'ils le trouvent capable de remplir ladite place; sur quoy la Compagnie a admis ledit Saviard en ladite place de premier compagnon-chirurgien de l'Hôtel-Dieu aux mêmes gages et droits dont ont joui ceux qui l'ont précédé en ladite place pour, après six années continuelles, être reçu maître-chirurgien dans Paris sans examen et sans frais (1).»

Pour la nomination du maître chirurgien de l'Hôtel-Dieu, nous voyons, lorsqu'il s'agit le 9 janvier 1700 de remplacer le sieur Petit, qu'on prit l'avis des six médecins, du dit Petit et des sieurs Bessières et Tribouleau, anciens maîtres chirurgiens consultants de la ville, pour faire choix de son successeur, mais il n'y eut pas là d'examen. M. Méhéry, professeur en anatomie, fut agréé par la Compagnie sur l'avis des médecins et chirurgiens consultés.

Qu'on nous permette en terminant ce chapitre de rapporter un fait assez curieux, consigné à diverses reprises dans les délibérations du bureau, et qui montrera quelle conscience

1. Briele, ouv. cit.

les administrateurs de l'Hôtel-Dieu apportaient dans le choix des médecins et chirurgiens.

9 juin 1679. Messieurs des gouverneurs qui se trouvent ordinairement à l'interrogatoire des chirurgiens ont remontré l'abus qu'il y a à la réception des chirurgiens externes, pour lesquels on est persécuté de prières et de sollicitations d'amis et personnes de condition pour admettre telles gens, au grand préjudice des pauvres, estans pour la plupart des petits garçons qui ne savent rien de la chirurgie en théorie ni en pratique, qui se présentent à l'interrogatoire avec de puissantes recommandations, et n'ont seulement appris par cœur que quelques questions du guidon, auxquelles respondent tout de travers, prenant excuse sur leur timidité.

7 août 1671. Sur l'avis qui a esté donné au bureau du décès du sieur Perreau, l'un des médecins ordinaires de l'Hostel-Dieu et qu'il faut se pourvoir d'un autre médecin en sa place, monseigneur le Premier Président et quelques autres de Messieurs se sont plaints des sollicitations et recommandations importunes faites par ceux qui aspirent à cet emploi, au nombre de vingt-cinq ou trente, (et ont dit) que pour éviter à l'avenir un pareil inconvénient, il serait à propos d'exclure tous ceulx qui ont sollicité pour être reçus. »

On pense bien que cette dernière intention ne fut jamais exécutée, mais elle devait s'imposer à l'esprit d'hommes, qui, absolument dévoués au bien des pauvres et des malades, étaient en outre, de par le désintéressement propre à leurs fonctions et grâce à leur fortune personnelle, très indépendants.

Nous avons étudié les chirurgiens de l'Hôtel-Dieu à une
époque de transition pour leur art. Tandis qu'au moyen-âge
et jusqu'à la fin du seizième siècle, ils ne sont guère que
des artisans obscurs, relégués au rang des barbiers et des
apothicaires, ouvriers manuels que la Faculté dédaigne, ils
vont conquérir, au dix-huitième siècle, leur place au soleil de
l'Université : ils auront une Académie, et les docteurs, leurs
antiques et rudes adversaires, viendront établir leur École
au Collège de Chirurgie, franchissant eux-mêmes le dernier
pas vers l'union logique et définitive des deux corporations
étonnées d'une si longue inimitié.

Certes, le rapprochement dut se préparer à l'hôpital, et
quand, au début du dix-huitième siècle, les étudiants en médecine y eurent leurs entrées, quand ils se trouvèrent con-
fondus avec les compagnons chirurgiens autour des lits des
malades, quand ils eurent abdiqué les petites querelles de
préséance et d'amour-propre qui éclatèrent aux premiers
jours et qui ne pouvaient séparer longtemps de jeunes
esprits, quand leurs méthodes différentes s'appliquèrent
simultanément au même objet et pour le même but, un
grand progrès fut réalisé.

Mais au dix-septième siècle, cette union devait paraître
encore bien lointaine (1). Elle était pourtant fatale, si l'on

1. En 1693, les compagnons chirurgiens de l'Hôtel-Dieu sont
encore obligés, malgré leurs réclamations, de raser la tête des enfants
de cœur, et il leur est défendu de porter l'épée.

tient compte d'un fait qui la domine et que nous voudrions mettre en lumière à la fin de cette thèse. C'est que ce fut à l'hôpital que se rénovèrent les études médicales, que s'établit l'observation clinique, délaissée depuis si longtemps pour les théories anciennes, les aphorismes de livres surannés, les disputes puériles et stériles. Dans ce milieu de libre étude, où le malade et le médecin sont seul à seul, pour leur commune utilité, ceux qui s'introduisirent d'abord, les premiers étudiants, furent des chirurgiens.

Nous avons vu l'empressement que mettent ceux de Paris et de province à venir à l'Hôtel-Dieu parfaire leurs connaissances ; presque à chaque page, en relisant les délibérations du bureau de l'Hôtel-Dieu, qui nous ont été si précieuses au cours de ce travail, nous retrouvons les autorisations qui ouvraient si libéralement les portes de l'hôpital.

Nous avons vu combien de chirurgiens briguaient à l'envi leur admission à l'Hôtel-Dieu, comme externes ou comme maîtres. Ces recommandations importunes dont se plaignent les Gouverneurs, ne prouvent-elles pas aussi le désir ardent qui précipitait vers ses deux mille malades les jeunes esprits curieux de science exacte? Et les cadavres enlevés, les agonisants emportés dans l'espoir de dissections occultes, ne témoignent-ils pas, en dépit et à cause même de la sauvagerie de l'acte, de la fièvre qui s'allume alors dans les intelligences avides de connaître, avides de se pencher sur la nature ouverte, et d'en fouiller les mystères? Et n'est-ce pas admirable, qu'il y ait eu tant de jeunes apprentis, de compagnons, de ceux que Guy-Patin appelait déjà des carabins.

vers les lits des malades, vers ces grands lits où l'on meurt
et autour desquels on meurt?

Quoi! l'hôpital est un asile d'où l'hygiène est bannie, la
peste y dispute les agonies au scorbut; le matin on ne s'ap-
proche des lits, dit Tenon, qu'en fendant un nuage où l'in-
fection se fait opaque; quoi! l'on est obligé d'instituer un
règlement pour les chirurgiens malades, un règlement pour
les funérailles des externes, et il se trouve des étudiants
pour enfermer là leur jeunesse, pour travailler dans ce
champ des douleurs, de la contagion et de la mort!

Alors qu'importent les railleries de Molière? qu'importent
Sganarelle, Purgon et Diafoirus? Il y a des étudiants à
l'Hôtel-Dieu. Ne voit-on pas alors que l'ancienne médecine
a vécu, que d'Hippocrate et Galien et Paracelse vont dispa-
raître les axiomes, trop vieux subsister les exemples im-
mortels, que les disputes de l'École vont rejoindre les so-
phismes évanouis du moyen-âge, que ces compagnons
chirurgiens sont des précurseurs, que par la force incons-
ciente et invincible des choses, la Médecine va s'engager sur
la voie qu'ils tracent, et que dans l'hôpital qui s'organise,
la clinique va naître?

BIBLIOGRAPHIE

Du Breuil. — Théâtre des antiquités de la ville de Paris (1639).

Brièle. — Collection de documents pour servir à l'Histoire des Hôpitaux de Paris. Procès-verbaux des Délibérations du Bureau de l'Hôtel-Dieu.

H. Carrier. — Origine de la maternité de Paris, les maîtresses sage-femmes et l'office des accouchées de l'ancien Hôtel-Dieu.

J. Charpentier. — Etat présent de la Chirurgie (1674).

Estat au vray du bien et du revenu de l'Hostel Dieu de Paris. Archives de l'Assistance publique (1653).

Franklin (Alfred). — La Vie d'autrefois, t. xi : Les Médecins.

Franklin (Alfred). — La Vie d'autrefois, t. xii : Les Chirurgiens.

Histoire générale de Paris. — Les métiers et corporations de la ville de Paris, xve-xviiie siècles.

Husson. — Etude sur les hôpitaux.

Laboulbène. — Hôpital de la Charité. Gazette médicale de Paris, 1878-1879.

Malingre (Claude). — Les Antiquités de la ville de Paris (1640). Ordonnances des rois de France.

Quesnay. — Recherches sur l'origine et les progrès de la Chirurgie en France.

Raynaut (Maurice). — Les médecins au temps de Molière.

Récalde (abbé de). — Abrégé historique des hôpitaux.

Recueil de ce qui s'est fait pour l'assistance des pauvres de 1650 à 1654.

Riolan. — Curieuses recherches sur les Écoles de médecine de Paris et de Montpellier (1651).

Rondonneau de la Mothe. — Essai historique sur l'Hôtel-Dieu de Paris (1787).

Sabathier — Recherches historiques sur la Faculté de médecine de Paris (1837).

Sauval (Henri). — Histoire et recherches des Antiquités de la ville de Paris.

Tenon. — Mémoires sur les hôpitaux.

www.ingramcontent.com/pod-product-compliance
Ingram Content Group UK Ltd.
Pitfield, Milton Keynes, MK11 3LW, UK
UKHW031801170726
13836UKWH00003B/1111